Abel Hernández-Muñoz

LOS GATOS, ENIGMÁTICOS AMIGOS

Abel Hernández-Muñoz

LOS GATOS, ENIGMÁTICOS AMIGOS

Guía de iniciación a la crianza de estos felinos

Editorial Académica Española

Imprint

Any brand names and product names mentioned in this book are subject to trademark, brand or patent protection and are trademarks or registered trademarks of their respective holders. The use of brand names, product names, common names, trade names, product descriptions etc. even without a particular marking in this work is in no way to be construed to mean that such names may be regarded as unrestricted in respect of trademark and brand protection legislation and could thus be used by anyone.

Cover image: www.ingimage.com

Publisher:
Editorial Académica Española
is a trademark of
Dodo Books Indian Ocean Ltd. and OmniScriptum S.R.L publishing group

120 High Road, East Finchley, London, N2 9ED, United Kingdom
Str. Armeneasca 28/1, office 1, Chisinau MD-2012, Republic of Moldova, Europe
Printed at: see last page
ISBN: 978-613-9-43800-6

LOS GATOS, ENIGMÁTICOS AMIGOS
Guía de iniciación a la crianza de estos felinos

MSc. Abel Hernández Muñoz

ÍNDICE

INTRODUCCIÓN

Los seres humanos domesticaron algunos animales para alimentarse, vestirse, realizar trabajos, y como mascotas o animales de compañía. Cómo sucedió, es un tema controvertido. Mediante la protección y la reproducción selectiva, los seres humanos transformaron los primeros animales domesticados en razas más productivas, como es el caso del ganado vacuno, las ovejas y las aves de corral. También contribuyen al bienestar humano los perros, los gatos, las ratas blancas y los ratones, las cobayas y los monos que la investigación médica ha utilizado para aumentar el conocimiento de la fisiología humana y para desarrollar fármacos y procedimientos para combatir las enfermedades de la especie humana.

Sin embargo, conforme nuestra especie continúa extendiéndose por la Tierra, invade y contamina los ambientes de muchos animales reduciendo los hábitats restantes a zonas cada vez menores. A menos que esta tendencia se invierta, la mayor parte de la vida animal se enfrenta a la extinción.

El gato se convirtió en acompañante del hombre más bien tarde, hace aproximadamente 4.000 años en Egipto. No se sabe muy bien el motivo que llevó a los egipcios a domesticar al gato salvaje. Puede que se amansaran por motivos prácticos, ya que el gato acababa con las plagas de roedores que asolaban las tiendas de cereales, o por motivos religiosos, pues el gato desempeñó un importante papel en la religión egipcia como representación de la diosa Bastet.

El gato salvaje, a diferencia de los antepasados de todos los demás animales domésticos importantes, no es sociable. No es difícil imaginar cómo los grupos humanos pudieron hacer las veces de jaurías, piaras, rebaños o manadas para lobeznos, jabatos, borregos o terneros salvajes, pero lo que no es tan fácil es saber por qué una cría salvaje de gato habría de acceder a tener contacto con los humanos, si no fuera para asegurarse los alimentos.

El solitario gato salvaje hizo que su descendiente doméstico, cuyo comportamiento recuerda al de sus antepasados en muchos aspectos, heredase esa tendencia a ser independiente. De hecho, excepto algunos cambios sin importancia en el color, la complexión y el tamaño, la mayoría de los gatos domésticos tienen una apariencia física que se parece hasta límites insospechados a la de sus antecesores salvajes.

Actualmente viven en todo el mundo y hacen las delicias de millones de personas que disfrutan de ellos como mascotas. Además de estos gatos de compañía, también existen los gatos trabajadores que eliminan a los animales indeseables en granjas, ranchos y pueblos. Aunque de mal carácter, tanto los gatos salvajes como los de casa pueden reducir colonias de aves y mamíferos de pequeño tamaño.

GENERALIDADES DEL GATO

1 GENERALIDADES

Gato, animal pequeño, principalmente carnívoro (*Felis catus*), que pertenece a la familia de los Félidos. Popular como animal doméstico y apreciado como cazador de ratones y ratas. Como casi todos los miembros de la familia felina, el gato doméstico tiene uñas retráctiles, buen oído y olfato, una notable visión nocturna y un cuerpo compacto, musculoso y muy flexible. El gato posee una memoria excelente y muestra una considerable aptitud para aprender por medio de la observación y la experiencia. La esperanza natural de vida del gato doméstico es de unos 15 años.

2 ORIGEN DE LAS ESPECIES

La mayoría de los científicos considera que las variedades de pelo corto del gato doméstico derivan del gato *Felis libyca,* una especie de gato salvaje africano domesticada por los antiguos egipcios, quizás ya desde el 2500 a.C., y transportada por los caballeros de las Cruzadas a Europa, donde se mezclaron con los gatos salvajes autóctonos más pequeños. Las razas de pelo largo podrían descender del gato salvaje asiático (*Felis manul*). A través de los siglos, el gato ha mantenido prácticamente el mismo tamaño, con un peso aproximado de 4 kg al completar su desarrollo, y han preservado su instinto para la caza solitaria.

2.1 Fisiología del gato

El cuerpo de un gato doméstico es extremadamente flexible: su esqueleto está formado por más de 230 huesos (el esqueleto humano, aunque es mucho más grande, sólo contiene 206 huesos), su pelvis y hombros están unidos a la espina dorsal con mucha más holgura que en la mayoría de los cuadrúpedos. La gran habilidad que tiene el gato para saltar se debe, en parte, a su poderosa musculatura. La cola le da estabilidad cuando salta o cae.

Las garras del gato están diseñadas para capturar y sujetar a su presa. Las uñas, afiladas, curvas y retráctiles, están enfundadas en una almohadilla suave y curtida al final de cada uno de los dedos de las patas y las saca para pelear, cazar o trepar. El gato marca su territorio arañando y dejando su olor en árboles u otros objetos; sus uñas dejan arañazos visibles y las glándulas odoríferas de las almohadillas su olor

Los dientes del gato tienen como fin morder, no masticar. Los poderosos músculos de su mandíbula y sus afilados dientes le permiten dar un mordisco mortal a su presa.

2.2 Sentidos

La vista del gato está excepcionalmente adaptada a la caza, especialmente de noche. Tiene una excelente visión nocturna, visión periférica muy amplia y una visión binocular que le permite calcular distancias con exactitud. La visión diurna del gato no es tan buena como la de los humanos; los gatos ven el movimiento con mucha más facilidad que el detalle y se cree que sólo pueden ver una gama limitada de colores.

El gato tiene un oído extremadamente sensible. Puede oír una amplia escala de sonidos, incluso los ultrasónicos. Su sentido auditivo es menos sensible a las frecuencias bajas, lo que podría explicar por qué algunos gatos domésticos son más receptivos a las voces femeninas que a las masculinas. El gato hace girar las orejas independientemente para concentrarse en diferentes sonidos.

El olfato del gato está muy desarrollado, juega un papel vital en la búsqueda de alimento y en la reproducción. Muchas de las señales sociales de los gatos domésticos toman forma de olor: por ejemplo, los machos, aparentemente, pueden oler una hembra en celo a centenares de metros.

El gato tiene el sentido del gusto especializado de una manera peculiar: tiene poca capacidad para detectar lo dulce, pero es muy sensible a ligeras variaciones en el sabor del agua. La lengua del gato está cubierta de protuberancias ásperas, o *papillas,* que utiliza para raspar la carne de los huesos. También utiliza la lengua para limpiarse.

Los bigotes o vibrisas, son muy sensibles al roce más leve y los utiliza para advertir obstáculos y notar cambios en el entorno; con poca luz le sirven para encontrar el camino.

2.3 Reproducción

El gato doméstico alcanza la pubertad alrededor de los nueve o diez meses de vida. Una gata sexualmente madura tiene el celo, o *estro,* varias veces al año; durante el celo es, a la vez, receptiva y atractiva a los gatos. El periodo de gestación es de unos 65 días y la camada habitual de 4 cachorros. Los gatitos nacen sordos, ciegos y desvalidos; abren los ojos a los 8 o 10 días de haber nacido y el destete comienza a las 6 semanas de vida.

2.4 Colores del pelaje

El color original del pelaje del gato doméstico era probablemente castaño grisáceo con manchas más oscuras, color que proporciona un camuflaje excelente en varios entornos. El resto de colores y dibujos son el resultado de mutaciones genéticas; por ejemplo, los pelajes de colores sólidos, como el negro o el azul, se deben a un gen que suprime las franjas; el pelaje rojizo a un gen que transforma el pigmento negro en rojizo, y el pelaje blanco es el resultado de un gen que suprime completamente toda formación de pigmento.

Dos pigmentos, el negro y el anaranjado, forman la base de todas las coloraciones del gato doméstico moderno. Estos pigmentos se pueden combinar entre sí o con blanco (ausencia de pigmento). Un solo gen, el gen O (de *orange,* anaranjado en inglés), determina si el pelaje de un gato contiene pigmento anaranjado o negro. Podemos imaginar el gen O como un interruptor que está encendido (pigmento anaranjado) o apagado (pigmento negro). Este gen está situado en el cromosoma X, por lo que su herencia está relacionada con el sexo.

3 RAZAS DE GATOS

Hay alrededor de 40 variedades o razas de gato doméstico reconocidas en todo el mundo. Aunque las distintas razas difieren radicalmente en la longitud de la cola y en su aspecto general, varían menos en tamaño que las razas de perro. Las razas más pequeñas pesan unos 2 o 3 kg cuando el gato es adulto y las más grandes de 7 a 9 kg. Hasta el momento, los intentos de desarrollar gatos domésticos en miniatura o gigantes han fracasado.

3.1 Orígenes de las razas

Muchas razas domésticas, incluyendo el maine coon, manx, azul ruso y el siamés se originaron como una variedad natural del gato doméstico específico de un área geográfica. Otros, como el himalayo, son razas creadas por los humanos, resultado de una cuidadosa cría durante generaciones para conseguir el aspecto deseado. Algunas razas relativamente nuevas, como el rex (de pelo rizado), el sphynx (sin pelo), el scottish fold (con las orejas dobladas) y el american curl (con las orejas cubiertas de pelo rizado), surgieron de una mutación genética y fueron desarrollados como raza distinta mediante la cría selectiva.

3.2 Estándar de las razas

Para cada raza de gato doméstico existe un modelo de perfección, declarado por diferentes asociaciones de propietarios de gatos, que describe el gato ideal de una raza determinada y sus rasgos distintivos, define las características ideales y las que no lo son y menciona los defectos que, en una exhibición de gatos, podrían suponer motivo de penalizaciones o de descalificación. Por ejemplo, en el estándar del gato siamés los ojos se describen con forma almendrada e inclinados hacia el hocico y la bizquera es un defecto descalificador.

Los modelos de cada raza difieren ligeramente de una asociación a otra y no todas las asociaciones reconocen la totalidad de razas. Para llegar a ser aceptada en una asociación, una raza debe, en primer lugar, ser aceptada de modo provisional. Para poder participar en campeonatos la raza debe superar una serie de exigencias que varía según la asociación

Razas modernas de gatos

RAZA	LONGITUD DEL PELO	DESCRIPCIÓN
Abisinio	Corto	Gato grácil y estilizado, con ticked en cierto modo similar al del conejo silvestre.
American curl	Semilargo	Nueva raza, con orejas que se curvan suavemente hacia arriba, pelaje semilargo, y ojos avellanados de medianos a grandes.
American curl de pelo corto	Corto	Versión de pelo corto del american curl.
American shorthair	Corto	Gato nativo de América del Norte, de pelo corto y bueno para cazar roedores. Se trata de un animal robusto de nariz alargada, que existe en una amplia variedad de colores.
American wirehair	Corto	Similar al american shorthair, salvo por su pelaje, que es grueso, lanoso y tosco. Sus bigotes son curvos y pueden proyectarse en ángulos extraños.
Balinés	Semilargo	Versión de pelo largo del siamés. De pelaje semilargo, fino, sedoso y abigarrado.
Bengala	Corto	Gato de gran tamaño, de pelaje marrón dorado manchado que se asemeja a un pequeño leopardo. La raza bengala surgió del cruce del gato doméstico con el gato leopardo asiático.
Sagrado de Birmania	Semilargo	Gato envuelto en el misterio y la leyenda. Ojos de azul intenso, pelaje con extremos de tono uniforme y con guantes de color blanco puro.
Bombay	Corto	Gato musculoso de tamaño medio con cabeza atractivamente redondeada. Se caracteriza por su brillante pelaje 'de pantera' y sus grandes y brillantes ojos color cobre intenso.
British shorthair	Corto	Gato nativo de Gran Bretaña, muy útil para el control de roedores. Fuerte, macizo y robusto, tiene cabeza y ojos redondos, y un pelaje corto, denso y crespo.
Burmés	Corto	Gato fuerte y compacto, de cabeza redonda y grandes ojos dorados y redondos. Su pelaje corto, de tacto satinado, se presenta en colores continuos azabache, champaña, azul y rojo.
California spangled	Corto	Raza de reciente aparición, con manchas o rosetas en el lomo y los flancos, y rayas en el cuello y hombros.
Chartreux	Corto	Antigua raza francesa. De cuerpo robusto y ágil, presenta una cabeza ancha y sonriente. Su pelaje corto y denso puede tener tonalidad azulada.
Europeo colorpoint	Corto	Todo siamés que no sea de colores point foca, azul, chocolate o lila.
Cornish rex	Corto	De pelaje corto y ondulado, orejas muy grandes y cuerpo largo y estilizado, con nariz aguzada como un galgo.
Cymric	Largo	Versión de pelo largo del manx.
Devon Rex	Corto	Cara y orejas de duendecillo, y pelaje suave y ondulado.

Mau egipcio	Corto	La única raza natural de gato manchado. Ojos almendrados color grosella espinosa y pelaje corto y manchado.
Exótico shorthair	Corto	Versión de pelo corto del Persa. Pelaje corto, suave y afelpado.
Habana	Corto	Gato de tamaño medio con ojos verde intenso y pelaje corto, lustroso y castaño cálido intenso.
Himalayan	Largo	Similar al persa, del que se diferencia por sus marcas, que son points (como el siamés).
Bobtail japonés	Corto	Gato nativo de Japón. Cuerpo largo y elegante, con cola corta terminada en borla. Presenta diversos colores. El colorido 'mi-ke' (carey de negro, rojo y blanco) es el más popular porque se dice que trae buena suerte.
Javanés	Semilargo	Todo balinés que no sea de colores point foca, azul, chocolate o lila.
Kashmir	Largo	Persa de color chocolate o lila.
Korat	Corto	Nativo de Tailandia, donde suele considerárselo gato de la buena suerte. Cara en forma de corazón con grandes ojos redondos y pelaje sólido de color azul plateado.
Maine coon	Largo	Gato de pelo largo nativo de América del Norte. Animal de buen tamaño y mejor carácter, de pelaje lanudo que no necesita cuidados especiales.
Manx	Corto	Gato sin cola originario de la isla de Man. De cuerpo corto, firme y redondeado, sus patas traseras son más largas que las delanteras.
Nibelungo	Largo	Versión de pelo largo del azul ruso.
Bosque de Noruega	Largo	Gato nativo de Noruega, buen cazador de roedores. De tamaño mediano a grande, largo pelaje que repele el agua, cabeza triangular con orejas apenachadas, grandes ojos almendrados y cola larga y tupida.
Ocicat	Corto	Raza manchada de tamaño grande, originada por el cruzamiento de abisinios, siameses y american shorthairs.
Oriental	Semilargo	Versión no manchada del balinés. De ojos verdes y de diversos colores, a excepción de los point.
Oriental de pelo corto	Corto	Versión no manchada del siamés. De ojos verdes y diversos colores, a excepción de los point.
Persa	Largo	Gato corto y rechoncho, de osamenta maciza, pelaje muy largo y espeso, nariz corta y ancha, orejas pequeñas, y grandes ojos redondos.
Ragdoll	Semilargo	Raza de tamaño grande cuyo nombre, ('muñeca de trapo') se debe a su temperamento dócil y muy tranquilo. Los ragdoll se presentan en diversos colores, incluidos los dibujos pointed (siamés) con o sin mitones blancos en las patas.
Azul ruso	Corto	Grácil gato de grandes orejas y vivos ojos verde esmeralda. Su pelaje corto y doble es de color azul uniforme con gorguera plateada.
Scottish fold	Corto	Gato rechoncho de orejas pequeñas y dobladas, y simpática expresión de tristeza. Su pelaje blanco y denso presenta gran diversidad de dibujos y colores.
Scottish fold de pelo largo	Largo	Versión de pelo largo del scottish fold.

Selkirk rex	Corto	Gato grande y musculoso, de pelaje afelpado y rizado.
Selkirk rex de pelo largo	Semilargo	Versión de pelo semilargo del selkirk rex.
Siamés	Corto	Esbelto gato de ojos azules y coloración característica: cuerpo blanco cremoso con colores más oscuros en las patas, orejas, máscara y cola.
Singapur	Corto	Pequeño y fornido gato nativo de Singapur. De ojos grandes y almendrados, pelaje corto y ticked marrón, similar al de los conejos silvestres.
Snowshoe	Corto	Gato alargado y fornido, de colores point similares a los del siamés, zarpas blancas y máscara facial. La raza se generó cruzando siameses con american shorthairs, de dos colores.
Somalí	Semilargo	Versión de pelo más largo que el abisinio. Pelaje semilargo y cola peluda.
Sphynx	Corto	Gato casi sin pelo, de orejas muy grandes y cara de duendecillo. La piel tiene un aspecto rugoso, y al tacto, es como una gamuza suave y cálida.
Tiffanie	Largo	Versión de pelo largo del burmés.
Tonkinés	Corto	Raza creada originalmente por cruces entre siamés y burmés. Sus zarpas, cola, oreja y nariz tienen colores oscuros, mientras que su cuerpo es ligeramente más claro. De ojos verde azulado, y pelaje fino y brillante en colores crema, lila, azul y platino.
Angora turco	Semilargo	Gato largo y esbelto de cabeza en forma de cuña, ojos ovalados, pelaje elegante, fino y sedoso, y cola bien tupida.
Van turco	Semilargo	Antigua raza nativa de las regiones montañosas de Turquía Oriental, cercanas al lago Van. Se trata de un gato predominantemente blanco, con una o dos manchas de color en la cabeza, cola y cuerpo. Los van turcos se caracterizan por su gusto por el agua.

4 EL CUIDADO DE LOS GATOS

Los gatos, como todas las mascotas, dependen del ser humano para su cuidado y alimentación, y requieren una atención considerable.

4.1 Cuidados generales

Aunque los gatos tienen reputación de ser relativamente independientes, los domésticos necesitan el cariño y la atención de sus propietarios. Una dieta diaria equilibrada, como la que proporciona la comida para gatos de alta calidad que se vende en los comercios, es esencial para su salud y longevidad, al igual que un suministro regular de agua fresca. La limpieza habitual de la bandeja de arena es necesaria para prevenir las enfermedades; algunos gatos no la utilizan cuando no está muy limpia. A los gatos hay que recortarles las uñas con frecuencia. Para prevenir daños en los muebles se les debe facilitar un rascador, preferiblemente de un material áspero, como la cuerda de pita. Los gatos usan la lengua para limpiarse el pelaje y normalmente se comen todos los pelos sueltos. Todos los gatos, incluidos los de pelo corto, deben ser cepillados semanalmente para retirar todo el pelo suelto, esto ayuda a prevenir la formación de bolas de pelo en el estómago. Algunas razas de pelo largo, como el persa o el himalayo, requieren un cepillado diario para que su pelaje, largo y suave, no se enmarañe.

4.2 Enfermedades del gato

Los gatos domésticos son susceptibles de desarrollar una serie de enfermedades víricas y bacterianas. Afortunadamente, muchas enfermedades felinas pueden ser controladas mediante un ciclo regular de vacunas. Los gatos también pueden sufrir parásitos externos, como pulgas, acáridos y parásitos intestinales (lombrices).

Las infecciones respiratorias son una enfermedad habitual y puede ser fatal, sobre todo en cachorros jóvenes. Las vacunas ofrecen cierta protección contra las siguientes enfermedades respiratorias: *rinotraqueitis vírica felina* (RVF), *peste felina y neumonía felina*.

La *enteritis infecciosa felina* es una enfermedad muy contagiosa, muchas veces fatal, caracterizada por un ataque súbito y varios síntomas gastrointestinales como el vómito o la diarrea. La vacuna es la única manera eficaz de controlar la enfermedad.

La *leucemia felina* es una enfermedad contagiosa y fatal que se transmite por contacto directo. Un gato con leucemia felina presenta varios síntomas, incluyendo malestar general, pérdida de peso y fiebre. Un gato infectado puede contagiar la enfermedad a otros gatos antes de que él mismo desarrolle síntomas clínicos. Un análisis de sangre puede detectar si un gato ha sido infectado. Aunque existe una vacuna disponible, la forma más fiable de prevenir la leucemia felina es impedir que el gato esté en contacto con gatos infectados por el virus.

La *peritonitis infecciosa felina* (PIF) es una inflamación del peritoneo (revestimiento del abdomen). Aunque la PIF es contagiosa algunos gatos parecen desarrollar una inmunidad natural. Un gato infectado puede no presentar síntomas. Una vez que el gato desarrolla los síntomas, la enfermedad es invariablemente fatal. No hay un análisis de sangre fiable para la PIF pero hoy existe una vacuna disponible.

4.3 Vacunas

Los gatos pueden ser vacunados con éxito contra muchas enfermedades graves. Los cachorros deben ser vacunados contra la rinotraqueitis, peste felina, enteritis felina y, opcionalmente, neumonía felina. La mayoría de los veterinarios recomiendan una serie de dos o tres vacunaciones cada tres semanas, que empiezan a las tres semanas de vida del gato. A las doce semanas el gato puede ser vacunado contra la rabia (en los países en que es endémica), leucemia felina y peritonitis felina infecciosa. Las vacunas se deben repetir anualmente para mantener la inmunidad.

5 EXHIBICIÓN Y VALORACIÓN DEL GATO

Muchos propietarios de gatos, incluso de gatos cruzados, disfrutan exhibiéndolos en muestras o exposiciones.

Los jueces deben estar entrenados y acreditados. Los gatos de pura raza se valoran por su salud, temperamento y porque cumplen con las diversas características de su modelo. Los gatos cruzados son valorados por su salud, temperamento y aspecto general. Todos los gatos deben se dóciles y pueden ser descalificados por morder o herir, de cualquier forma, al juez.

5.1 Asociaciones felinas

Una asociación felina es una organización donde se registran gatos y cachorros, se organiza exhibiciones y se selecciona los jueces. En la mayoría de los países hay varias asociaciones de gatos. Los clubes de gatos, criadores y propietarios que exhiben a sus animales eligen a qué asociación desean unirse y qué modelos de raza quieren seguir.

5.2 Exhibiciones de gatos

Un número creciente de exhibiciones o muestras de gatos locales, regionales y nacionales tienen lugar durante el año, con cientos de gatos compitiendo por los trofeos. Los propietarios muestran sus gatos como diversión y para ganarse una reputación entre los criadores y el resto de los exhibidores. Las muestras rara vez tienen premios en metálico y las cuotas de inscripción y gastos de viaje pueden ser elevados.

Aunque las reglas y procedimientos exactos varían de una asociación a otra las formas son parecidas. Habitualmente hay cuatro categorías de competición: cachorros de raza, adultos de raza, gatos de raza operados (castrados o sin útero ni ovarios) y mascotas (gatos o cachorros cruzados).

Una sola muestra de gatos puede tener entre 8 y 20 jueces diferentes y habitualmente cada gato es valorado por todos los jueces. En muchas muestras cada juez tiene su propio *ring*, un área formada por 10 o 15 jaulas y una mesa de valoración. Los gatos esperan en jaulas en otra zona del salón, llamada área de exhibición. Los propietarios, al oír sus nombres, llevan los gatos al *ring* y los colocan en las jaulas de valoración o juicio. El juez saca a cada gato de su jaula, lo coloca en la mesa y lo examina cuidadosamente para asegurarse de que está sano y cumple con el modelo de su raza. Después de valorar todos los gatos de una raza o categoría específica, el juez concede premios preliminares, por ejemplo al mejor color o al mejor gato de cada raza. Después de valorarlos a todos, da los grandes trofeos a los diez mejores según categorías. Cada juez trabaja independientemente y sus opiniones pueden diferir mucho entre sí.

6 HISTORIA POPULAR DE LOS GATOS

Los gatos figuran en la historia de muchas naciones, son objeto de supersticiones y leyendas y un motivo favorito de artistas y escritores.

6.1 Historia y leyenda

Los gatos fueron objeto de culto en Egipto debido a su habilidad para hacer disminuir la población de ratones en los campos de cereales del Nilo, de capital importancia económica. La diosa egipcia Bastet, representada con cuerpo de mujer y cabeza de gato, era la diosa del amor y la fertilidad. Los gatos eran también un deporte para los egipcios; atados a correas cazaban pájaros para la mesa familiar: el amo lanzaba un boomerang que derribaba los pájaros para que el gato los recogiera y entregara al amo. Debido a su utilidad económica, y a que se creía que concedían muchos hijos, los gatos eran tan reverenciados que a veces se momificaban para enterrarlos con sus amos o en tumbas diseñadas para tal efecto.

Pese a que las leyes egipcias prohibían sacar del país los gatos sagrados, los marinos fenicios se los llevaban de contrabando. Los gatos se vendían igual que otros tesoros de Oriente y, en la antigüedad, se encontraban a lo largo de toda la costa mediterránea. Al parecer, los romanos fueron los primeros en introducirlos en Europa.

La valía de los gatos como depredadores fue reconocida a mediados del siglo XIV, cuando una plaga originada por ratas, conocida como la peste negra, atacó a la población europea. Pese a todo, durante la edad media los gatos eran odiados y temidos. Debido a sus hábitos nocturnos se creía que tenían trato con el diablo. Esta asociación del gato con la brujería ha sido la culpable de muchos actos de crueldad hacia él a través de los siglos. El renacimiento, sin embargo, fue una época dorada para los gatos. Casi todo el mundo tenía alguno, desde los miembros de las casas reales y sus sirvientes hasta el campesinado.

En la India los gatos tenían habitualmente un importante papel en ceremonias religiosas y ocultas. En América del Sur los incas rendían culto a los gatos sagrados, que son representados en las obras de arte precolombino de Perú. Los gatos continúan siendo adorados en países como Tailandia o China.

6.2 Los gatos en el arte y la literatura

Las pinturas y esculturas de las tumbas egipcias son las primeras representaciones del gato doméstico. Imágenes de gatos aparecen en monedas griegas del siglo V a.C.; los gatos fueron representados posteriormente en mosaicos y pinturas romanas, así como en alfarería, monedas y caracolas. En el manuscrito irlandés del siglo VIII *Book of Kells* aparecen gatos y cachorros representados en una de sus ilustraciones. Artistas posteriores, como Leonardo da Vinci o Durero, están entre los muchos que incluyeron gatos en sus obras.

Aunque el Antiguo Testamento no hace mención de los gatos, el Talmud babilónico habla de sus admirables cualidades y anima a la cría de gatos 'para ayudar a mantener las casas limpias'. Entre los gatos memorables de la literatura se encuentran 'El gato que andaba solo' de Rudyard Kipling, el gato de Cheshire, creación conjunta del escritor inglés Lewis Carroll y el ilustrador sir John Tenniel en el clásico infantil *Alicia en el país de las maravillas* (1865) y *El gato negro* de Edgar Allan Poe. Muchas tiras cómicas y dibujos animados contemporáneos tienen también personajes felinos que hacen las delicias de amantes de los gatos de todas las edades.

CRIAR UN GATITO: ¡CONSEJOS Y TRUCOS ÚTILES!

Por fin ha llegado el momento: tu gatito puede venirse a casa. Y ahora tienes una tarea importante; hora de empezar a criar a tu gatito. Se trata de disfrutar del nuevo miembro de la familia, y puede resultar emocionante. Usa estos consejos para padres para darle a tu gatito una base saludable para una vida segura y feliz y, por supuesto, una buena relación contigo.

¿Tienes todo lo que necesitas para criar a tu gatito?

Al criar a un gatito, es importante tener una serie de cosas en casa. Piensa, por ejemplo, en cestas, juguetes, un cepillo, un cortaúñas y un rascador. Pero eso no es todo, por supuesto, echa un vistazo a nuestra checklist de necesidades para gatitos para obtener una lista completa y determinar lo que necesitas. ¡Una buena preparación supone la mitad del trabajo!

Consejos para que tu hogar esté a prueba de gatitos

Al igual que con un bebé o un cachorro, al criar a un gatito es importante preparar su hogar. Tu gatito no sabe casi nada sobre el mundo que lo rodea y tiene que aprender paso a paso lo que está y no está permitido y querrás evitar situaciones peligrosas. Al criar a un gatito, es aconsejable que tu casa esté a prueba de gatitos. Estamos encantados de ayudarle con ideas sobre cómo hacer esto.

- **A los gatitos les gusta explorar, así que asegúrate de que no puedan alcanzar cosas venenosas.** Averigua qué cosas son venenosas para los gatos: plantas, medicinas, pesticidas, productos de limpieza y alimentos (por ejemplo, el chocolate).
- **Asegúrate de que no haya cosas en la casa que tu gatito pueda tragarse fácilmente.** Piensa, por ejemplo, en monedas, gomas elásticas, agujas o juguetes.
- **Piensa en cuerdas y cables sueltos.** Guárdalos o asegúralos con material adecuado. Haz que la casa esté a prueba de gatitos.
- **Guarda los objetos frágiles en un lugar seguro.** ¿Tienes una bonita estatua en el alféizar de la ventana? Lo más probable

es que el gatito lo deje caer accidentalmente al suelo. Si puedes coloca todo lo que se pueda romper en un lugar donde tu pequeño aventurero no pueda alcanzarlo.

- **Asegúrate de que tu gatito no pueda quedar atrapado en nada.** Piensa en la lavadora, secadora, cortinas, ventanas basculantes, tiras de persianas, etc.
- **Asegúrate de que el gatito no pueda beber del inodoro o caerse en él.** Sí, hasta en eso hay que pensar al criar un gatito...
- **No dejes ventanas o puertas abiertas.** Considera también la puerta del balcón y no coloques las ventanas en posición inclinada (existen bastidores especiales para ventanas inclinadas)
- **¿Tienes escaleras abiertas en casa?** No dejes que tu gatito las descubra hasta que sea un poco mayor.
- **Basura: Consigue un cubo de basura con cerradura en el que tu gatito no pueda trepar ni caer.** No dejes bolsas de basura sueltas que contengan desechos. Esto huele muy interesante, y puede que tu nuevo amigo esparza la basura por la casa o coma cosas que no son apropiadas.
- **¿Tu gatito tiene edad suficiente para explorar el jardín?** Revisa que no haya plantas venenosas para los gatos.

¿Lo sabías?: A partir de las 5 semanas, la visión de un gatito está completamente desarrollada. Ahora pueden ver mucho mejor en la oscuridad que los humanos, pero ven menos colores que nosotros.

Asegúrate de que tu gatito no juegue con cuerdas o cables sueltos.

Ayuda a tu gatito a sentirse como en casa rápidamente

Al criar a un gatito, es muy importante que se sienta cómodo. Tu gatito adquirirá muchas impresiones nuevas durante la transición. Despedirse de sus compañeros de camada y de su madre también es un gran cambio. Dale una cálida bienvenida a tu gatito y prepara tu hogar con CatComfort. Estos productos contienen una copia de las feromonas del propio cuerpo. La gata madre libera feromonas mientras da a mamar para crear una sensación de seguridad y protección. Con CatComfort puedes imitar esta sensación y puedes, por ejemplo, tratar la litera o la cesta de viaje con el Spray. O coloca un Vaporizador_en la casa para indicar de inmediato que este espacio es agradable y seguro. Para conocer a otros gatos lo mejor es utilizar el Collar o Spray para fomentar la relación entre gatos. Estas herramientas son útiles para que tu gatito se sienta como en casa.

Antes de empezar a criar a tu gatito, es positivo darle tiempo para que se acostumbre a su nuevo hogar.

Los gatitos necesitan dormir mucho. Es importante que le des un lugar tranquilo para ello. Por ejemplo, elige una habitación donde no entren otros miembros de la familia (niños y otras mascotas) y deja que se acostumbre al nuevo ambiente. Aquí puedes poner una cama, una caja de arena y un plato de comida y agua. Si tienes niños, hazles saber que no molesten mientras tu gatito duerme. Asegúrate de que haya suficientes escondites (seguros) en el resto de la casa. Además, es buena idea poner una caja de arena extra en otro lugar (por ejemplo, en otra planta).

Por naturaleza, a los gatos les gusta trepar. Asegúrate de que tu gatito tenga oportunidades de trepar por la casa. Por ejemplo, con unas tablas o un rascador grande. De esta forma tu gatito se sentirá a gusto en cualquier lugar de la casa.

¿Sabías que…?: Mientras amamanta, la madre gata libera la feromona de la madre. Esta feromona fortalece la relación entre la madre y el gatito y brinda una sensación de seguridad y protección.

Asegúrate de que tu gatito tenga muchas oportunidades para trepar, arañar y esconderse.

Consejos para enseñarle a ir al baño a tu gatito

En general, los gatitos se educan en casa con bastante facilidad. Esto se debe a que los gatos son animales muy limpios. Además, la madre gata normalmente ya se ha ocupado de esta parte de la crianza del gatito. Si tu gatito todavía necesita ayuda, aquí hay algunos consejos:

- **Proporciona suficientes cajas de arena.** Esto supone al menos una caja por gato + una caja adicional.
- **Usa la arena para gatos a la que está acostumbrado tu gatito de su etapa con el criador.** Así estará familiarizado con ella y facilitará que tu gatito use la caja de arena.

- **Coloca la caja de arena en el lugar correcto.** Asegúrate de que la caja esté en un lugar tranquilo que el gatito pueda alcanzar fácilmente. Así que no directamente en un pasillo con mucha actividad, pero tampoco en algún lugar lejano en una esquina en la tercera planta. Además, no coloques el recipiente demasiado cerca del recipiente de comida o agua.
- **Retira la tapa de la caja de arena.** Esto hará que tu gatito se sienta más a gusto.
- **Pon a tu gatito en tu caja de arena cuando notes que necesita usarla.**
- **Limpia la caja de arena regularmente.** Para ello, preferiblemente saca la suciedad dos veces al día y cambia la arena para gatos cada 1 o 2 semanas. Además, limpia regularmente el recipiente con agua caliente y un producto de limpieza adecuado.

Consejo: ¿Quieres evitar los malos olores de la caja de arena? El neutralizador de olores Beaphar absorbe la orina inmediatamente, encapsula el olor y descompone la orina con bacterias naturales.

Los gatitos se pueden domesticar con bastante facilidad. Preferiblemente utiliza una caja de arena sin tapa.

¿Qué comida le doy a mi gatito?

Mientras crías a tu gatito, una buena dieta también es importante. Cuando el gatito acaba de mudarse a tu casa, lo mejor es darle la comida a la que está acostumbrado. Si deseas cambiar de comida más adelante, mezcla gradualmente la comida nueva con la anterior.

Elige alimentos de alta calidad hechos específicamente para gatitos y pregunta en tu tienda de mascotas cuál es el mejor alimento para tu gatito.

Criar un gatito: la socialización es muy importante

Al criar a tu gatito, es importante una buena socialización para que pueda crecer y convertirse en un gato seguro de sí mismo y bien equilibrado. El primer período de socialización (edad de 3 a 8 semanas) tiene lugar con el criador. El segundo período de socialización (de 9 a 14-16 semanas) se desarrolla parcialmente el dueño. Durante este período, los gatitos todavía están muy abiertos a nuevas experiencias. Después de eso, naturalmente sospechan más de las cosas nuevas.

Es muy importante durante este período que el gatito entre en contacto frecuente con las personas. Acaricia a tu gatito regularmente, dale golosinas en tu regazo, levántalo, abrázalo, juega con él, etc. Deja que otros miembros de la familia hagan lo mismo y presenta regularmente a tu gato joven a amigos y familiares. Una ventaja adicional de esto es que, además de acostumbrarse a la gente, también construirá una buena relación contigo.

Juega y acurrúcate con tu gatito regularmente para que aprenda a confiar en las personas y construye una buena relación con él.

Criar a tu gatito también incluye presentarlo a otras mascotas. Haz esto gradualmente y dales tiempo para que se acostumbren el uno al otro.

Es probable que tengas que llevarlo al veterinario (por ejemplo, para vacunarlo). Haz que sea una experiencia divertida dándole dulces. Deja que tu gatito se acostumbre primero a la cesta de viaje. Ábrela en la habitación y ponle una almohada bonita y algo sabroso. Haz que sea divertido y practica con la puerta cerrada una vez que tu gatito se acostumbre. Aumenta gradualmente la duración. El spray CatComfort puede ayudar a que la cesta de viaje sea un lugar más familiar. Después de tu primera visita al veterinario, puedes seguir practicando para que se acostumbre a la cesta de viaje para que la próxima vez sea aún más divertida.

Por último, también es una buena idea acostumbrar a tu gato joven a los sonidos, como los fuegos artificiales, los truenos o la aspiradora. Reproduce estos sonidos suavemente, aumentando el volumen poco a poco. Haz que sea una buena experiencia jugando con él o dándole unos dulces. Puedes acostumbrarlo a la aspiradora encendiéndola brevemente y premiando a tu gatito. Si incluyes esto en la educación de tu gatito, ¡te sorprenderá lo rápidamente que se siente seguro en su entorno!

Presenta suavemente a tu gatito a otras mascotas.

Entrenando a tu gatito

Todo el mundo sabe que se puede educar a un cachorro, ¡pero esto también es posible con gatitos! Aquí es donde comienza la verdadera crianza de tu gatito: debe aprender lo que está y no está permitido. Una regla importante en la crianza del gatito es: no castigues, ¡recompensa! Cuando tu gatito hace algo que no quieres, es importante tener en cuenta lo que sí quieres.

Por ejemplo, ¿se sube a la encimera? Piensa en una alternativa que os encaje a los dos. A menudo, el gatito es curioso. Crea un lugar donde pueda sentarse y donde todavía pueda ver el mostrador. De esta manera, su curiosidad se calma y todavía se siente parte del grupo. Cuando hayas encontrado ese lugar ideal, pon una golosina allí cada vez que tengas que hacer algo en la encimera y recompénsalo si observa en silencio desde ese lugar. Usa también el mismo principio cuando le enseñas a tu gatito a rascar el rascador, en lugar de los muebles.

Premia a tu gatito por su buen comportamiento, para que aprenda lo que está permitido y lo que no.

También puedes utilizar un clicker como ayuda. ¿Quieres saber más sobre el uso de un clicker? Ponte en contacto con un especialista en comportamiento de gatos.

Consejo: Nunca le enseñes a tu gatito a jugar (y morder) con las manos y los pies. Desvía la atención de tu mano hacia un juguete que sea adecuado.

Si sigues estos consejos al criar a tu gatito, tu dulce gatito crecerá y se convertirá en un miembro de la familia; feliz, equilibrado y de buenos modales.

CONSEJOS PARA EDUCAR AL GATO EN TU HOGAR

Un **gato educado** es aquel que convive en armonía con el resto de los individuos de una casa. Para conseguir este propósito, se debe entender la naturaleza del gato como especie y adaptar sus necesidades y las nuestras. Y es que, los gatos se caracterizan por tener un carácter independiente y una marcada tendencia territorial; y es algo que como dueños conviene entender y respetar para evitar problemas con tu nueva **mascota**.

Los gatos que viven en libertad ocupan la mayor parte de su tiempo en descansar, acicalarse, cazar y dejar marcas en su territorio. Para que un gato se sienta bien cuando vive en casa, necesita expresar estas tendencias naturales. No vale solo con tener cubiertas sus necesidades básicas, como el agua y la comida, también es un requisito para el gato poder explorar el entorno, marcar **su territorio** o jugar a perseguir objetos simulando el acto de la caza.

Nuestro objetivo pues como propietarios es encontrar un equilibrio para el desarrollo de las **conductas innatas del gato** dentro del domicilio, consiguiendo un individuo relajado y adaptado, sin que esto resulte incómodo en la convivencia.

¿Cómo me relaciono con mi gato?

Socialmente el gato se define como **independiente**. El gato salvaje vive solo y no crea grupos. Busca la compañía del sexo contrario solo para la reproducción. En casa debemos favorecer su independencia dejando que sea el gato quien decida el grado de contacto social que quiere mantener con cada componente de la familia con la que convive. Por tanto, no debemos forzarlo a estar con nosotros o acariciarlo más tiempo del que él considere aceptable. Además, le gusta disfrutar de momentos de privacidad alejado de otros gatos o personas.

Los gatos tienen una **conducta de juego** muy acentuada, sobre todo en sus primeros meses, y su distracción favorita es perseguir objetos en movimiento como si los cazaran. Por eso, si jugamos con ellos usando nuestras manos o pies conseguiremos que nos muerdan. El juego ideal es usar una pelota de papel o juguetes diseñados especialmente para ellos y realizar una o dos sesiones al día. Jugar a diario favorece la interacción con ellos y minimiza el estrés y, además, el ejercicio previene la aparición de ciertas enfermedades relacionadas con el sedentarismo y la obesidad.

No se debe usar el **castigo** porque no es un método aceptable de **educación para el gato**, sino una fuente de estrés, miedo e incluso agresividad.

Claves para que el gato se adapte y se sienta cómodo en casa

Los gatos están muy apegados al lugar donde viven debido a su territorialidad, por ello hay que tener en cuenta algunas cuestiones para que se adapte al hogar y esté lo más cómodo y tranquilo posible. Por ello, una de las claves es **evitar el traslado del gato.** Para ellos es muy estresante el cambio de sitio y por eso solo debemos moverle cuando sea estrictamente necesario. Es mejor dejar al gato en casa cuando nos ausentamos por pocos días y que alguien acuda a diario a darle de comer y a limpiar su bandeja.

De la misma manera, cuando se realizan **cambios en la casa** modificamos las características del territorio. Esto pasa cuando hacemos reformas o compramos mobiliario nuevo. Evidentemente, en ocasiones estos cambios son necesarios y para evitar el estrés de nuestro compañero felino podemos frotar con una toalla, que previamente haya usado el gato, sobre la superficie nueva; por ejemplo: una alfombra.

Cuando llevamos amigos o familiares a casa, advierte a las personas que temporalmente vayan a **convivir con el gato** que deben respetar su espacio y no forzar la interacción dejando que sea él quien decida el momento y la duración del contacto.

Una idea importante es que el gato siempre tiene que tener a su disposición un lugar de huida o escape donde se sienta seguro y desde donde pueda contemplar su territorio y todo lo que pase en él. No se deben limitar los espacios con puertas cerradas ni forzar la interacción con personas u otras mascotas. El acercamiento a éstas debe ser paulatino y con la opción por parte del gato de escapar de la situación a un lugar seguro si el contacto no está resultando agradable para él.

Preparar al gato para la llegada a casa de un bebé u otra mascota

Otra **situación de estrés para el gato** es la llegada a casa, su territorio, de un nuevo individuo, ya sea felino o humano. Lo ideal con otro gato es hacer un acercamiento paulatino en el que inicialmente no haya contacto más que olfativo y, poco a poco, según se vayan tolerando, incrementar el contacto hasta que puedan convivir en un mismo espacio.

La **respuesta del gato a la llegada a casa de un bebé** suele provocar preocupación a los propietarios. Lo más importante en este caso es favorecer la adaptación durante el embarazo, intentar no alterar su territorio físico ni modificar su rutina diaria y dejarle oler la ropa nueva e investigar los nuevos espacios creados para el bebé.

De la misma manera, la llegada de un nuevo gato a casa debe ser controlada y progresiva imitando el comportamiento natural. En los gatos de vida libre se forman colonias de 20 o más individuos y las hembras parecen ser más tolerantes que los machos. Cuando un nuevo individuo quiere integrarse en esa colonia merodea en los límites del territorio para que los gatos de la colonia establecida se acostumbren a su presencia y sobre todo a su olor. Si todo va bien en unos días acabará formando parte del grupo.

El consejo

Para todas las situaciones descritas anteriormente se pueden usar **feromonas sintéticas felinas**, que se enchufan como los ambientadores eléctricos y emiten feromonas de gato, creando en el gato un estado de bienestar y placidez que minimiza el estrés.

Cómo conseguir que el gato no arañe todo el mobiliario

A muchos dueños una de las cosas que más les molesta, o directamente les echa para atrás a la hora de tener un gato como mascota, es el hecho de acabar con todos los muebles de la casa arañados y las cortinas y alfombras hechas trizas… Pues bien, hay que entender que el **rascado** es una conducta natural del gato que tiene varias funciones, como marcar el territorio, permitirles el acicalamiento de las garras y el estiramiento de la musculatura. Por ello, inhibir esta acción es un error que crea ansiedad en el gato y que puede traducirse en problemas de comportamiento después.

Para evitar que la conducta pueda dirigirse a sitios inadecuados como puertas, sofás o alfombras, lo ideal es tener un rascador con unas características y localización que garanticen su uso. Este rascador debe tener base estable y con la superficie de rascado en vertical. Debe **colocarse en los lugares de descanso del gato** y, preferiblemente, donde haya rascado con anterioridad.

Un gato con las uñas afiladas y una alfombra siempre es sinónimo de peligro…

Uno de los errores más comunes es colocar el rascador en una zona oculta, donde estéticamente no nos molesta. De esta manera, el gato jamás lo usará y continuará acicalando sus uñas en nuestro maravilloso sofá de piel. Estos rascadores pueden estar incorporados a plataformas interactivas diseñadas para gatos que proporcionan un espacio tridimensional, ya que los gatos disfrutan saltando y subiéndose a sitios elevados.

Una alternativa casera a las plataformas comerciales es la colocación de estanterías donde puedan subirse. Nuestros gatos disfrutan de los sitios en altura porque les permite tener una visión tridimensional de su territorio, además de un lugar de escape o huida ya que muchos conviven con niños o perros que no alcanzan estos lugares.

Cómo enseñar al gato a orinar dentro de la bandeja sanitaria

Los **gatos** son animales muy limpios, pasan parte del día lavando y aseando su pelo. Desde muy cachorros aprenden, de una manera prácticamente innata, a hacer sus deposiciones en la bandeja sanitaria. Para **potenciar el uso de la bandeja sanitaria** hay que tener en cuenta sus características físicas, el número de bandejas, el tipo de arena y la ubicación de ésta.

Se deben colocar al menos dos bandejas sanitarias por cada gato que viva en casa. La bandeja debe tener el borde ancho y bajo y ser lo suficientemente grande para que el minino pueda girarse. Se debe situar en una zona tranquila, libre de paso, accesible y lejos de electrodomésticos. Es necesario limpiar de excrementos a diario y cambiar la arena semanalmente.

En el mercado existen diferentes **tipos de arena** y cada gato tiene su predilección:

- La arena aglomerante es de las que más gusta a los gatos. Esta arena se caracteriza por formar una bola cuando entra en contacto con la orina que se recoge fácilmente. Esta característica hace que mantener el arenero limpio sea más fácil.
- Las arenas clásicas de sepiolita crean demasiado polvo y no se recomiendan en gatos con problemas respiratorios.
- Las arenas de cristal camuflan muy bien el olor pero el tacto no gusta a muchos gatos.

Los machos enteros, sin castrar, pueden **orinar fuera de la bandeja** para marcar el territorio. Esta orina es de marcaje y el gato la depositará por toda la casa excepto en la bandeja. Esto puede ser un problema para la convivencia porque esta orina tiene un olor fuerte y desagradable. En este sentido, se recomienda la esterilización de los machos que no se vayan a usar como reproductores.

El gato ha de comer solo su pienso, evita maleducarle con golosinas caseras.

Pautas para educar y estimular al gato con una alimentación saludable

Si tienes un nuevo gatito en casa, recuerda que es importante administrarle una **dieta adecuada** a su edad, sexo y situación sanitaria. Además, los gatos beben muy poca agua, por su origen desértico, de manera que es interesante favorecer su consumo con fuentes dispensadoras, dejarle beber del grifo… Es mejor poner el bebedero y el comedero en recipientes independientes.

Una práctica interesante es **esconder comida por la casa** o usar juguetes dispensadores de comida. La finalidad de ambos es fomentar el instinto de búsqueda y caza. El gato se mantiene entretenido en las innumerables horas que a veces pasamos fuera del domicilio debido al ritmo de vida que llevamos y, además, estimulamos en él el ejercicio.

Para evitar que el gato nos robe comida de la basura o de la encimera de la cocina, debemos educarle desde que es un gatito a **comer solo su pienso**, evitando las comidas y golosinas caseras. Una vez que el gato se convierte en un adulto, fija sus predilecciones alimenticias y es difícil que sienta interés en probar nuevos alimentos.

Las necesidades alimenticias del gato dependerán de su edad: cachorro, adulto o sénior y de su estado sanitario. Muchas enfermedades felinas, como la diabetes, la obesidad o la presencia de cristales en la orina, se previenen o combaten con piensos especialmente formulados

BIBLIOGRAFÍA

Alvarado, R. 1970. *Los Felinos: gatos, leones, tigres, leopardos...*Editorial Noger, S.A. Barcelona-Madrid, 80 pp.

Bephar. 2024. *Criar un gatito, Consejos y trucos útiles. Mascotas.*

Educación animal. 2015. *Consejos para educar al gato en tu casa.*

Gibbon, D. y J. Burton. 1976. *Los fieles amigos del hombre: perros, gatos y caballos.* Creaciones especializadas de Artes Gráficas, S. A. Barcelona, 125 pp.

http//www,wikipedia.com

Microsoft Encarta. 2009. *El gato.* 1993-2008 Microsoft Corporation. *http//www. Encarta.com*

Más fuentes
　Vínculos Web

　Mascotas
　Página Web dedicada a las mascotas. Perros, gatos, peces... Ofrece vínculos relacionados e información sobre el cuidado y la prevención de enfermedades de los animales domésticos. En español.
　http://www.mascotas.com/
　Mascotas amigas
　Página Web con información detallada para el buen cuidado de las mascotas.
　http://www.mascotamigas.com/
　Mis animales
　Amplia información sobre todo tipo de mascotas.
　http://www.misanimales.com/